Die wirtschaftliche Bedeutung

der

Deutschen Kälte-Industrie

im Jahre 1908

Für den ersten Internationalen Kongreß der
Kälte-Industrie Paris 1908

bearbeitet von

der Abteilung Ia des deutschen Ausschusses

Mit 53 Figuren im Text und 1 Karte

München und Berlin
Verlag von R. Oldenbourg
1908

Druck der Nauckschen Buchdruckerei, Berlin S. 14.

VORWORT

Die vorliegende Schrift gibt nur einen kleinen Teil dessen, was auf dem Gebiet der Kälte-Erzeugung und -Verwendung wirtschaftlich von Wichtigkeit ist. Die Kürze der Zeit machte es jedoch unmöglich, den Stoff in dem Umfange zusammenzutragen und zu verarbeiten, wie es nötig wäre, um etwas Ganzes bieten zu können. Immerhin ergab schon das im wesentlichen von den deutschen Kältemaschinen-Fabriken zur Verfügung gestellte Material wertvolle Aufschlüsse, nachdem es, soweit in der Kürze der Zeit möglich, gesichtet und geordnet war.

Diese Aufschlüsse beziehen sich auf:

Anzahl der für Deutschland gelieferten Maschinen,
Vertretung der verschiedenen Systeme (NH_3, CO_2, SO_2),
Anzahl der Lieferungen in den einzelnen Jahren und
stündliche Leistung der Maschinen, sowie
Art ihrer Verwendung.

Versagt blieb der Berichterstattung die Kenntnis

der jährlichen Betriebsdauer der Maschinen in Stunden,
der jährlich erzeugten Menge von Kunsteis,
des Maßes der durchschnittlichen Ausnutzung der Kühlhäuser,
des Anteiles, welchen die einzelnen Kühlgüter im Laufe des Jahres im Kühlhaus in Anspruch nehmen,
die Zahl der in der Kältemaschinen-Industrie beschäftigten Personen.

Es zeigte sich, daß zur Erledigung aller dieser Fragen mehr Zeit und größere Mühewaltung gehört, als zur Verfügung stand. Dafür hofft die Berichterstattung, das Erreichbare in übersichtliche Form gebracht zu haben und einem späteren Kongresse eine erweiterte Arbeit vorlegen zu können.

BERLIN, 25. September 1908.

Dr. Ing. **C. Heinel.**

Verteilung der Lieferungen für **Deutschland** in den einzelnen Maschinen-Systemen auf die Jahre seit 1875.

Erklärung der Linienzüge.

Es sind eingetragen seit 1875 die jährlichen Lieferungen für Deutschland von **Ammoniak**-Maschinen (NH_3), seit 1886 die der **Kohlensäure**-Maschinen (CO_2), seit 1895 die der **Schwefligsäure**-Maschinen (SO_2). Für jede Maschinengattung gibt der angezogene Linienzug die Anzahl der in dem betreffenden Jahre gelieferten Maschinen, der gestrichelte Linienzug die auf — 10° Verdampfungstemperatur und 20° Verflüssigungstemperatur bezogene stündliche Leistung der Maschinen in Millionen Wärme-Einheiten.

Anfang der Lieferungen und Alter der Maschinengattungen.

Der Beginn der Linienzüge stellt nicht das Geburtsjahr der Maschinengattungen dar, sondern das Jahr, in welchem die Maschinengattung anfing durch weitere Verbreitung **wirtschaftliche Bedeutung** zu erlangen. In Wirklichkeit war die Schwefligsäuremaschine schon vor 1875 vertreten, verschwand dann aber in Deutschland fast ganz bis zum Jahre 1894. Um diese Jahre begannen sich größere Firmen mit dem Bau derselben zu beschäftigen.

Bewegung der Linienzüge im allgemeinen.

Alle Linienzüge, besonders die der Ammoniakmaschine spiegeln die allgemeine wirtschaftliche Bewegung in Deutschland wieder. Besonders auffallend tritt hervor der Aufschwung der Industrie zwischen 1895 und 1898 und der darauffolgende Rückschlag, sowie die günstige Lage im Jahre 1905 und 1906 und der Tiefstand im Jahre 1902 und 1903. Aber alle Linienzüge haben im allgemeinen aufsteigende Neigung.

Vergleich der Linienzüge unter sich.

Bezüglich der aufsteigenden Neigung nimmt zurzeit prozentual am meisten zu die Schwefligsäuremaschine, absolut am meisten die Ammoniakmaschine, am langsamsten die Kohlensäuremaschine, soweit es sich um die Kälteleistung der Maschinen handelt. Die Ammoniakmaschine beherrscht wirtschaftlich, bezogen auf die Kälteleistung der Maschinen etwa $^2/_3$ des Feldes, die beiden anderen Gattungen zusammen etwa $^1/_3$ und einzeln je $^1/_6$. Das Verhältnis verschiebt sich jedoch zugunsten der Kohlensäure- und Schwefligsäuremaschine, wenn man die Anzahl der jährlich gelieferten Maschinen ins Auge faßt. Die Zahl der pro Jahr gelieferten Maschinen steigt am raschesten bei der Schwefligsäuremaschine, in letzter Zeit fast gleich rasch bei der Kohlensäuremaschine und am langsamsten bei der Ammoniakmaschine. Das rasche Anwachsen der Zahl der Kohlensäuremaschinenlieferungen und das langsame Ansteigen der durch die Lieferungen vorgestellten stündlichen Kälteleistung dieser Maschinen deutet darauf hin, daß sich die Kohlensäuremaschine besonders in kleinen Betrieben wachsender Beliebtheit erfreut. Für große Maschinenleistungen wird der Ammoniakmaschine der Vorzug gegeben. Noch deutlicher tritt dies hervor, wenn die Zahl der überhaupt heute in Deutschland in Betrieb befindlichen Maschinen der drei Gattungen verglichen wird mit der durch die Maschinen stündlich erzeugbaren Kältemengen.

Es sind, wenn man die Lebensdauer der Kältemaschinen zu etwa 25 Jahren ansetzt, zurzeit in Betrieb etwa:

	Anzahl der Maschinen rund	Stündliche Leistung aller Maschinen WE	Auf eine Maschine entfallen WE	Wert d. Maschinen zusammen M	Durchschnittswert einer Maschine M
Ammoniakmaschinen:	2900	200 000 000	65 000	120 000 000	41 900
Kohlensäuremaschinen:	1500	40 000 000	27 000	26 000 000	17 000
Schwefligsäuremaschinen:	700	27 000 000	39 000	16 000 000	23 000

Die Ammoniakmaschine beherrscht im allgemeinen das Gebiet der großen Maschinen, die Schwefligsäuremaschine das der mittleren, die Kohlensäuremaschine das der kleinen Anlagen. Immerhin liegt die Durchschnittsleistung der einzelnen Maschinen bei allen Gattungen auffallend hoch.

Gesamtleistung aller Kühlmaschinen in Deutschland.

Im ganzen sind im Betrieb etwa 5100 Maschinen
mit einer stündlichen Leistung von etwa 267 Millionen WE.
und einem Gesamtwert   „   „   162 Millionen M.

Die stündliche Leistung stellt dar einen reinen stündlichen Eisersatz von 3300   Tonnen
einen jährlichen   „   „ $8\frac{1}{2}$ Millionen Tonnen,
wobei angenommen ist, daß alle Maschinen etwa 250 Tage lang 10 Stunden täglich arbeiten.

Würde man diese Leistung durch Natureis erreichen wollen, so müßten einschließlich des Eisverlustes durch Schmelzen vorhanden sein

4000 Eishäuser zu je 4000 cbm Inhalt ($= 20 \times 20 \times 10$ m)

Diese würden einen Platz erfordern, der um mindestens 1 200 000 qm größer wäre als die Gesamtfläche unserer für die Kälteerzeugungsmaschinen nötigen Maschinenhäuser.

Nach einem mittleren Winter würden diese 8 Millionen Tonnen aus dem Nordland eingeführt werden müssen durch etwa 3000 Schiffe zu 3000 Metertonnen Ladefähigkeit.

Dabei ist jedoch zu berücksichtigen, daß viele Industriezweige im Natureis keinen Ersatz finden für die Kälteerzeugungsmaschine, da nur diese gestattet, Temperaturen unter $+ 4^{\circ}$ C dauernd wirtschaftlich und gleichmäßig zu erhalten.

Die Summe der pro Jahr gelieferten Anzahl der Maschinen aller Systeme wäre als Linienzug gezeichnet mit der konvexen Seite der Abszissenachse zugewendet, diejenige der stündlichen Leistung aller Maschinen der Ordinatenachse. Das deutet darauf hin, daß ein wachsendes Bedürfnis vorliegt für kleinere und mittlere Maschinen. Das kräftige Ansteigen der Gesamtleistung aller Maschinen zeigt jedoch, daß auch viele Großbetriebe neugeschaffen werden.

Alles in allem zeigt die Figur ein starkes und stetiges Ansteigen der wirtschaftlichen Bedeutung der Kälte-Industrie in Deutschland, die schon jetzt sehr groß ist. Die Zahl der jährlich gelieferten Maschinen ist noch in raschem Wachstum begriffen, besonders bei den kleinen und mittleren Maschinengrößen.

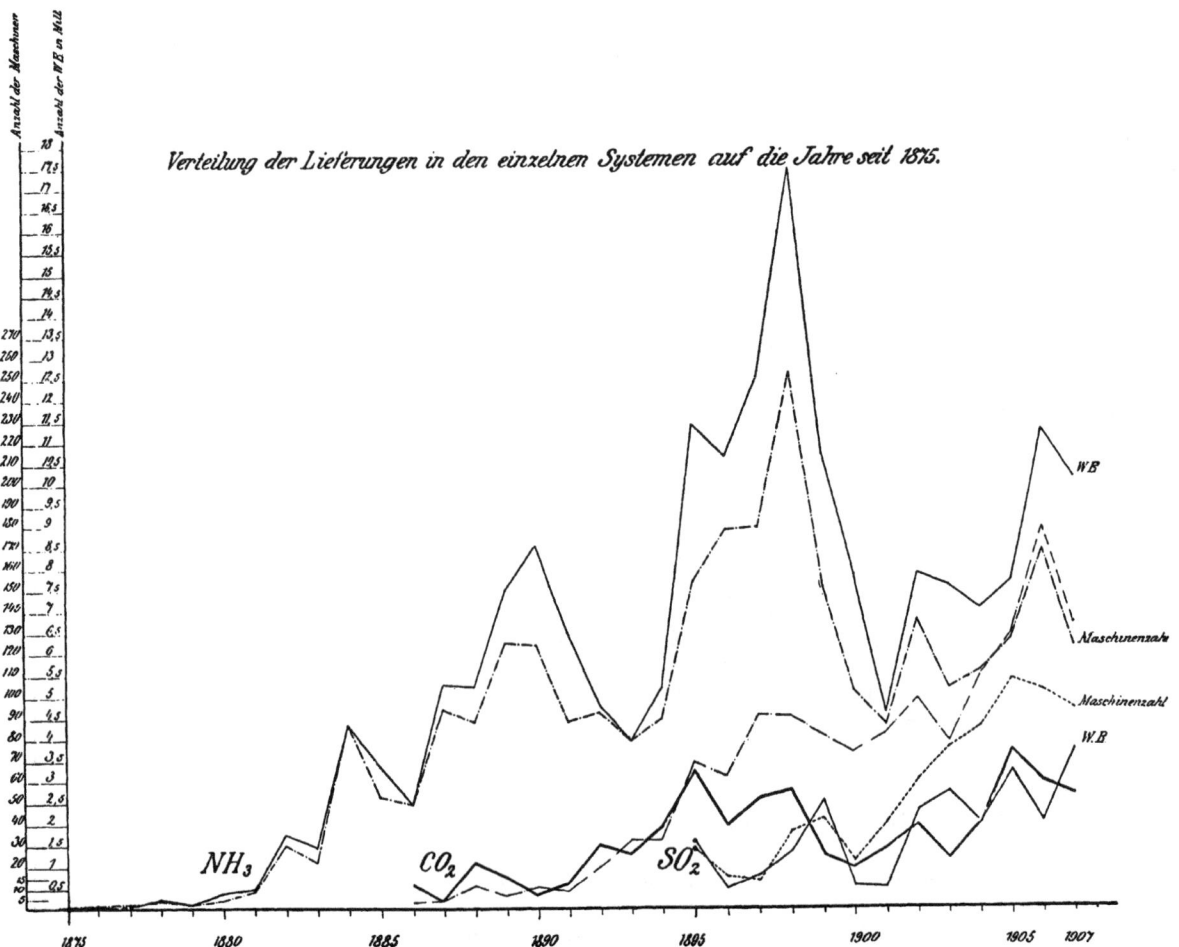

Verteilung der Lieferungen in den einzelnen Systemen auf die Jahre seit 1875.

Verwendungsgebiete der Kälteerzeugungsmaschinen in Deutschland.

Beginn der wirtschaftlichen Bedeutung der Kälteerzeugungsmaschinen für:

Brauereien im Jahre 1875.
Eisfabriken ohne Nebenbetrieb etwas vor 1880.
Kühlhäuser für Handeltreibende, ausschließlich der Schlachthofkühlanlagen: 1884.
Kühlanlagen für Schlachthöfe und Schlächtereien 1883.
Molkereien etwas vor 1890. (Vorangegangen sind schwache Anläufe.)

Sonstige Verwendungsgebiete.	Chemische Industrie		
	Chokolade -	Fabriken	
	Stearin-	„	1879.
	Schaumwein-	„	richtiger 1887.
	Zucker-	„	
	Gummi-	„	
	Photographie-Bedarfs-	„	
	und andere.		

Kennzeichnung der Figuren Seite 8 bis 13.

Für jedes dieser Gebiete zeigt die erste Figur die Jahreslieferungen an Kälteerzeugungsmaschinen, und zwar die Anzahl der jährlich gelieferten Maschinen und die stündliche Leistung dieser Maschinen. Eine zweite Figur zeigt die Zahl der sämtlichen bis zu einem gewissen Jahre in dem betreffenden Verwendungsgebiet aufgestellten Maschinen sowie deren stündliche Leistung.

Bewegung der Linienzüge in den Figuren Seite 8 bis 13 im allgemeinen.

Bei allen Verwendungsgebieten ist durchschnittlich nicht nur die Zahl der verwendeten Kühlmaschinen, sondern auch die Zahl der jährlich neu zukommenden Maschinen im Wachsen begriffen.

In keinem der Verwendungsgebiete macht sich absteigende Neigung geltend. Jedoch ist auch in diesen Figuren bei allen Verwendungsgebieten die Schwankung der allgemeinen wirtschaftlichen Lage Deutschlands deutlich zu erkennen. Die heftigen Schwankungen der Jahreslieferungen würden unangenehmer berühren, wenn nicht die allgemeine Richtung doch allenthalben trotz der zeitweisen Rückschläge aufwärts ginge. Auch auf diesem Gebiete ist also die zunehmende wirtschaftliche Erstarkung Deutschlands zu erkennen, die durch die Schwankungen des internationalen Geschäftslebens nicht aufgehalten wird.

Besprechung der Einzelgebiete.

Die **Brauereien**, welche zuerst in größerem Maßstabe die Kältemaschine in ihren Dienst stellten, haben sich in den Jahren um 1897 stark vermehrt und vergrößert. Dieser Umstand, sowie die Tatsache, daß in weitere Kreise die Neigung eingedrungen ist, den Biergenuß einzuschränken, sowie die steigende Besteuerung der Brauprodukte bringt es mit sich, daß die jährliche Neuaufstellung von Kühlmaschinen in Brauereien gegenwärtig keine wesentliche Zunahme erfährt. Von einer Abnahme kann man jedoch noch nicht bestimmt sprechen. Wenn man jedoch annimmt, daß die vor 20 bis 25 Jahren gelieferten Maschinen nun allmählich durch neue Maschinen ersetzt werden, so kann man einen gewissen Stillstand des Wachstumes der Brauereien aus den Figuren herauslesen. Jedenfalls hält der Zuwachs an Brauereien zurzeit nicht mehr gleichen Schritt mit der Bevölkerungszunahme. Im Interesse der bestehenden Brauindustrie wäre zu wünschen, daß dieser Zustand noch einige Zeit anhält.

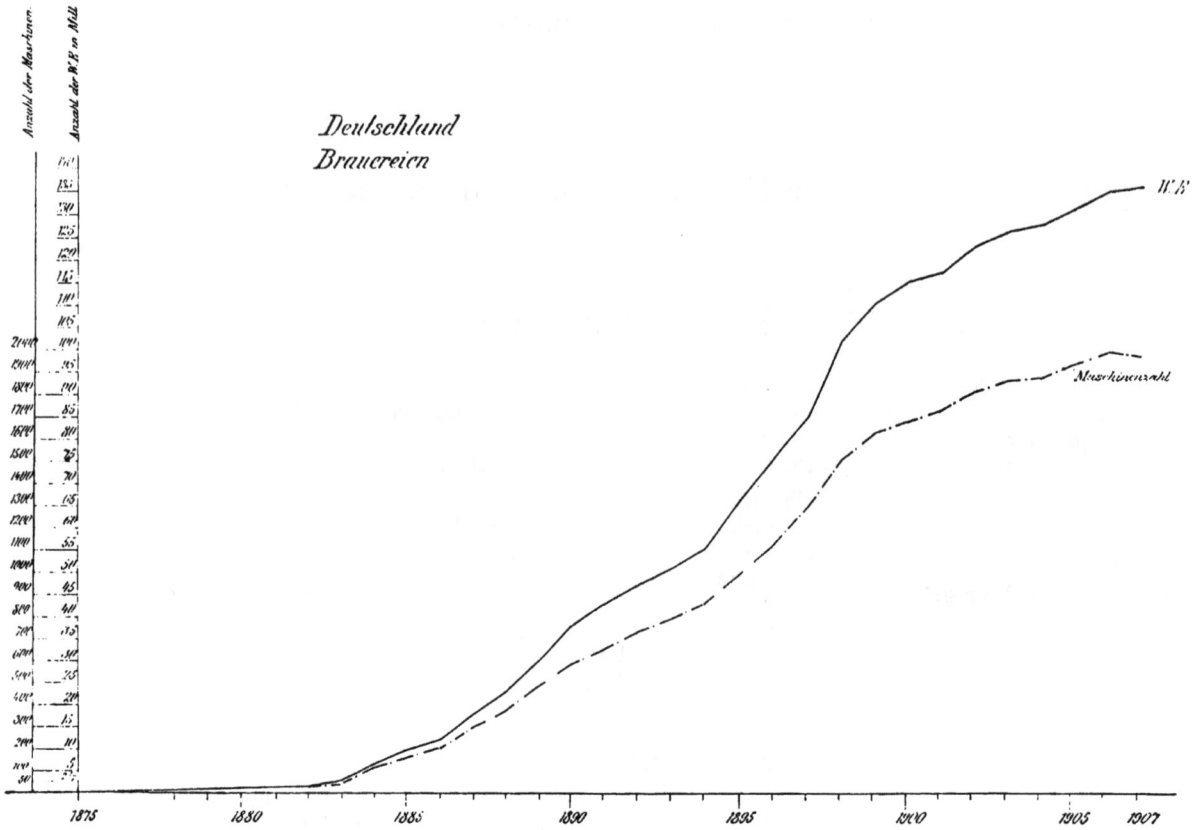

Deutschland
Brauereien

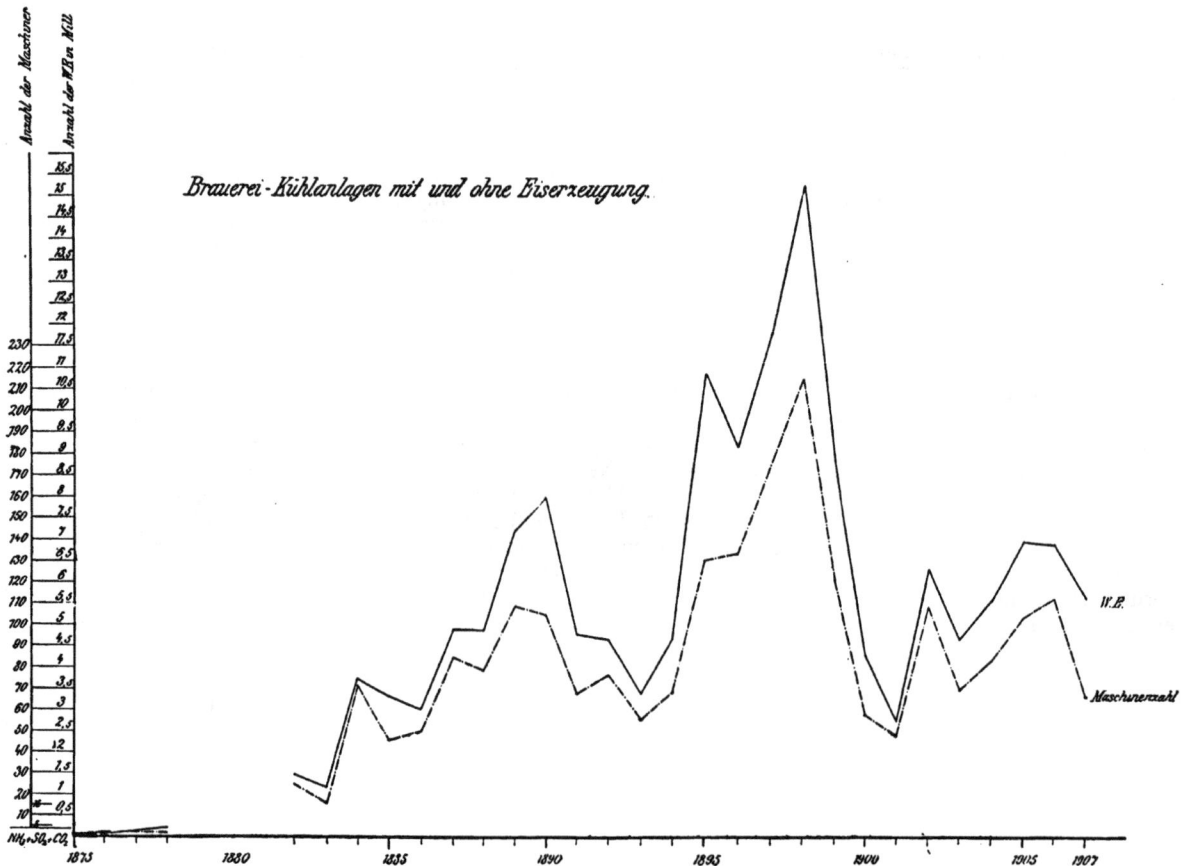

Brauerei-Kühlanlagen mit und ohne Eiserzeugung.

Für **Eisfabriken ohne Nebenbetrieb**, d. h. solche, welche Eis lediglich zum Verkauf herstellen, scheint in neuerer Zeit ein größeres Bedürfnis vorhanden zu sein. Die von gewissen Seiten genährte irrtümliche Ansicht, daß das Kunsteis schlechter sei als Natureis, namentlich auch in gesundheitlicher Hinsicht, beginnt im Volke besserer Einsicht Platz zu machen. Die Zahl der Jahreslieferungen von Eismaschinen und ihre Leistung ist im Steigen begriffen derart, daß die konvexe Seite der Durchschnittskurve der Abszisse zugekehrt ist. Die Großbetriebe arbeiten wirtschaftlicher und nehmen zu. Beide Figuren zeigen eine gesunde stetige Entwickelung der Eisfabriken.

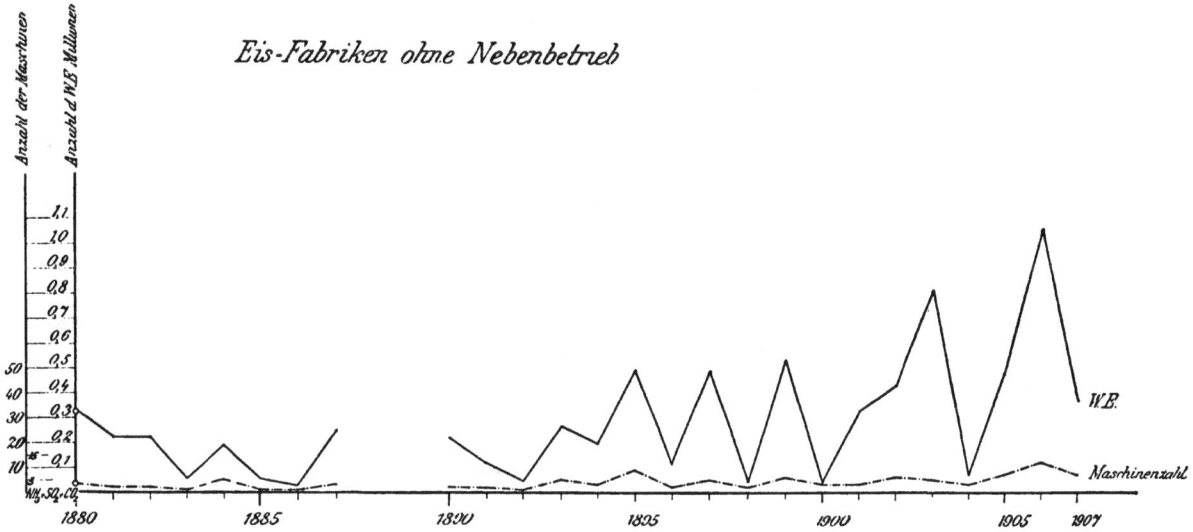

Eis-Fabriken ohne Nebenbetrieb

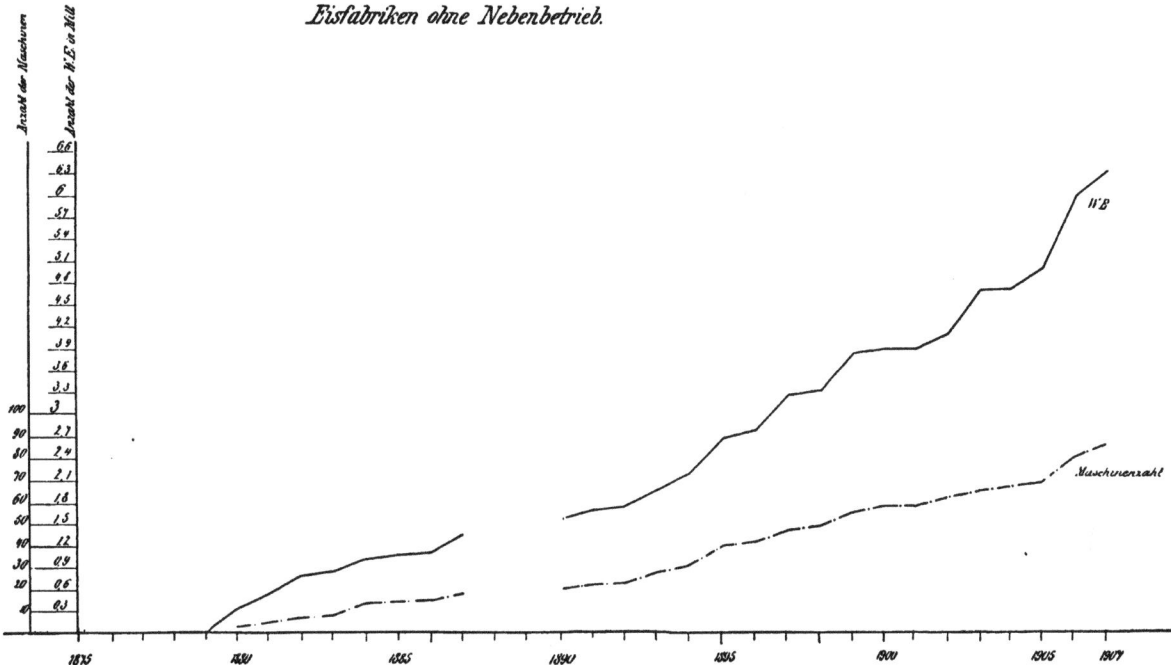

Deutschland.
Eisfabriken ohne Nebenbetrieb.

Die **Kühlhäuser,** welche dem Handel mit Lebensmitteln Gelegenheit geben zur längeren Aufbewahrung derselben, zum Ausgleich von Angebot und Nachfrage, zur teilweisen Ausschaltung des Einflusses der Witterung auf den Handel mit bestimmten Nahrungsmitteln, sind ebenfalls in rasch steigender Entwickelung begriffen.

Alle Durchschnittskurven kehren ihre konvexe Seite der Abszissenachse zu. Auch auf diesem Gebiete scheint die Entwickelung dem Großbetriebe den Vorzug zu geben. Dies liegt, wie der Sachverständige weiß, in der Natur des Kältemaschinenbetriebes, wie auch des Kühlhausbetriebes. Zurzeit entfallen auf eine Maschine 33 000 Cal., es scheinen also noch viele kleinere Betriebe zum Bedarfe im eigenen Handelshause vorhanden zu sein und neugebaut zu werden (z. B. bei Bierverlegern, Wildhändlern, Fischhändlern, Geflügelhändlern usw.)

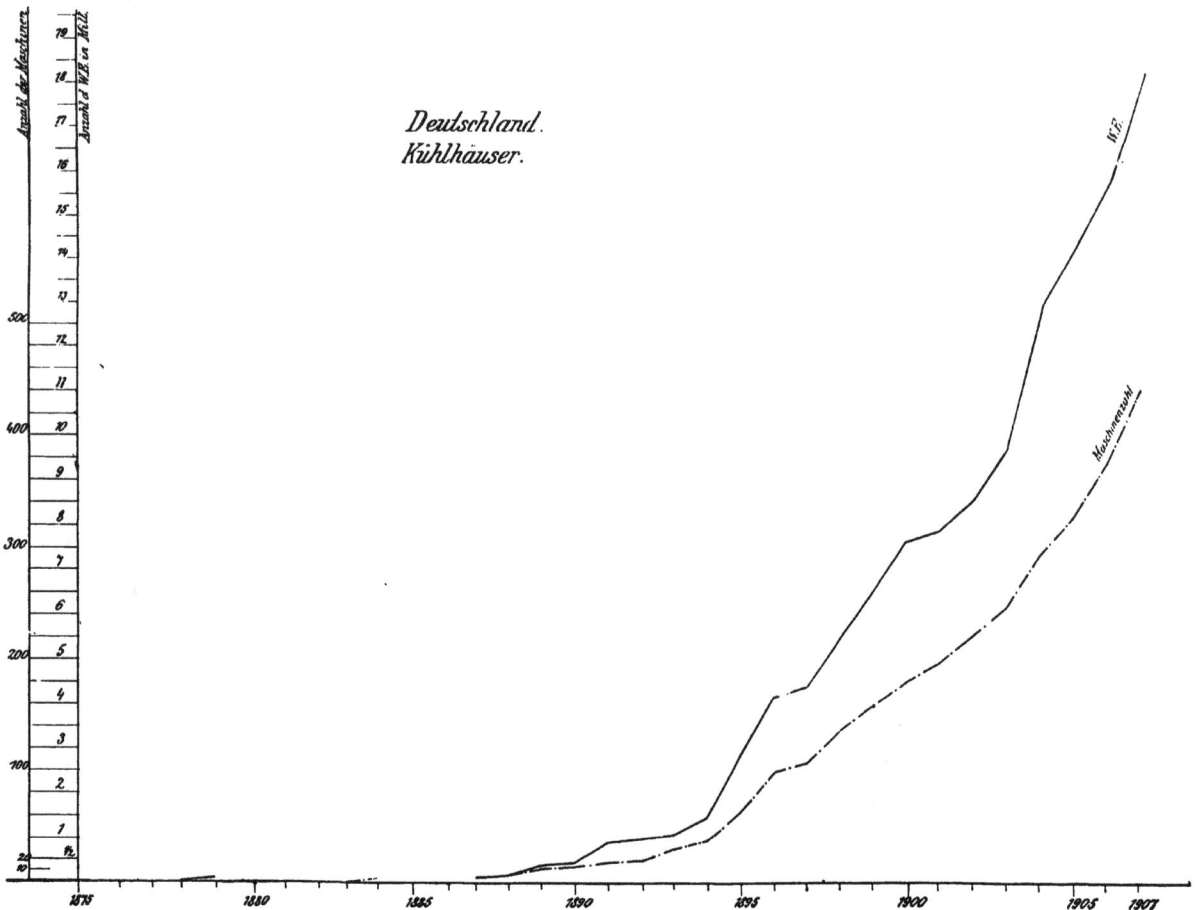

Schlachthof- und Schlächterei-Kühlanlagen. Es gibt nur wenige Schlachthöfe von nennenswerter Größe in Deutschland, die keine Kühlanlage haben. In den Jahren 1892 bis 1900 haben besonders fast alle großen Schlachthöfe Kühlanlagen eingerichtet. Es ergibt sich dies aus der verhältnismäßig großen Stundenleistung der in diesen Jahren gelieferten Maschinen. In den Jahren 1901 bis 1905 sind dann viele kleinere Schlachthöfe dem Beispiele der großen gefolgt. Heute handelt es sich im großen und ganzen um Ergänzung, Vergrößerung und Erneuerung bestehender Anlagen, neben den noch immer fortschreitenden Neueinrichtungen. Heute gehört es bei den Schlächtermeistern sozusagen zum guten Ton, eine Kühlanlage im Hause zu haben. Die Zahl dieser Anlagen ist in raschem Wachsen begriffen. Außer dem eigentlichen Kühlraum ist oft ein großer Kühlschrank vorhanden, der der Bequemlichkeit halber und zur Reklame in dem Verkaufsladen Aufstellung findet.

In den Figuren sind auseinandergehalten solche Kältemaschinenanlagen, welche nur Fleisch kühlen und solche, welche daneben noch Eis erzeugen zum Verkauf oder zur Verteilung an die Kunden und zum Verbrauch beim Transport des Fleisches. Die Anlagen mit Eiserzeugung sind in der Minderheit und gehören öffentlichen Schlachthöfen an. Über die Berechtigung und Zweckmäßigkeit der Eiserzeugung und des Eisverkaufes auf öffentlichen Schlachthöfen wird gestritten. Die Leiter der Betriebe empfehlen es der Rentabilität der Kühlanlage wegen, die in Privatbesitz befindlichen Eisfabriken wehren sich dagegen. Andere halten für richtig, Eis auf dem Schlachthofe nur soweit herzustellen, als es im Interesse der öffentlichen Gesundheitspflege nötig erscheint, z. B. zum Kühlhalten des Fleisches auf dem Transport vom Schlachthof zur Stadt oder dort, wo eine private Eisfabrik sich nicht rentieren würde.

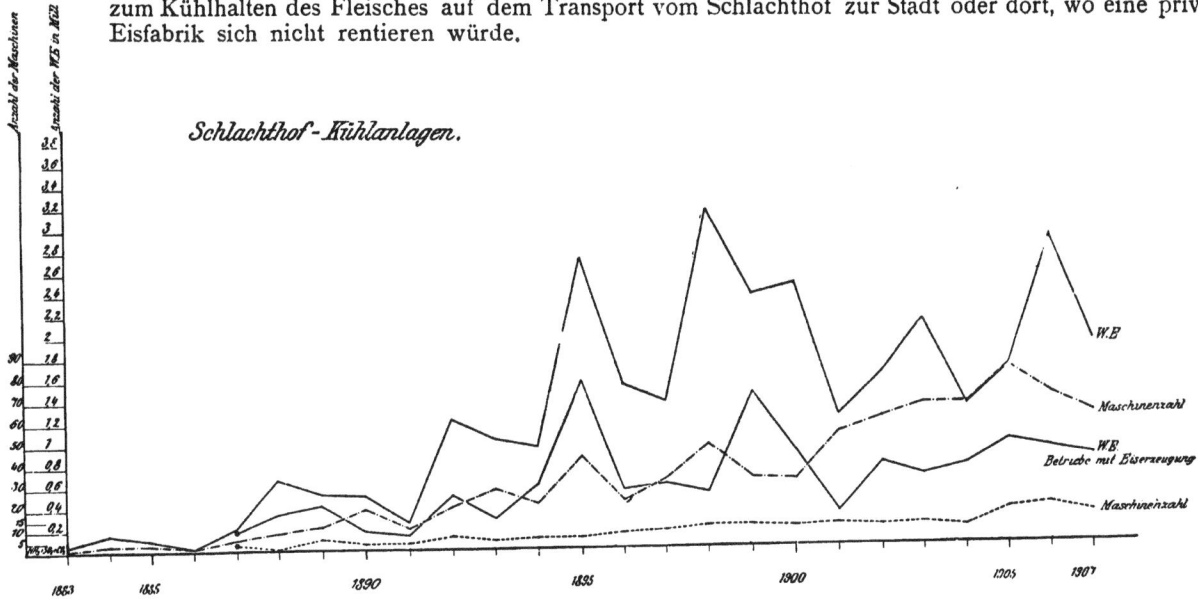

Schlachthof-Kühlanlagen.

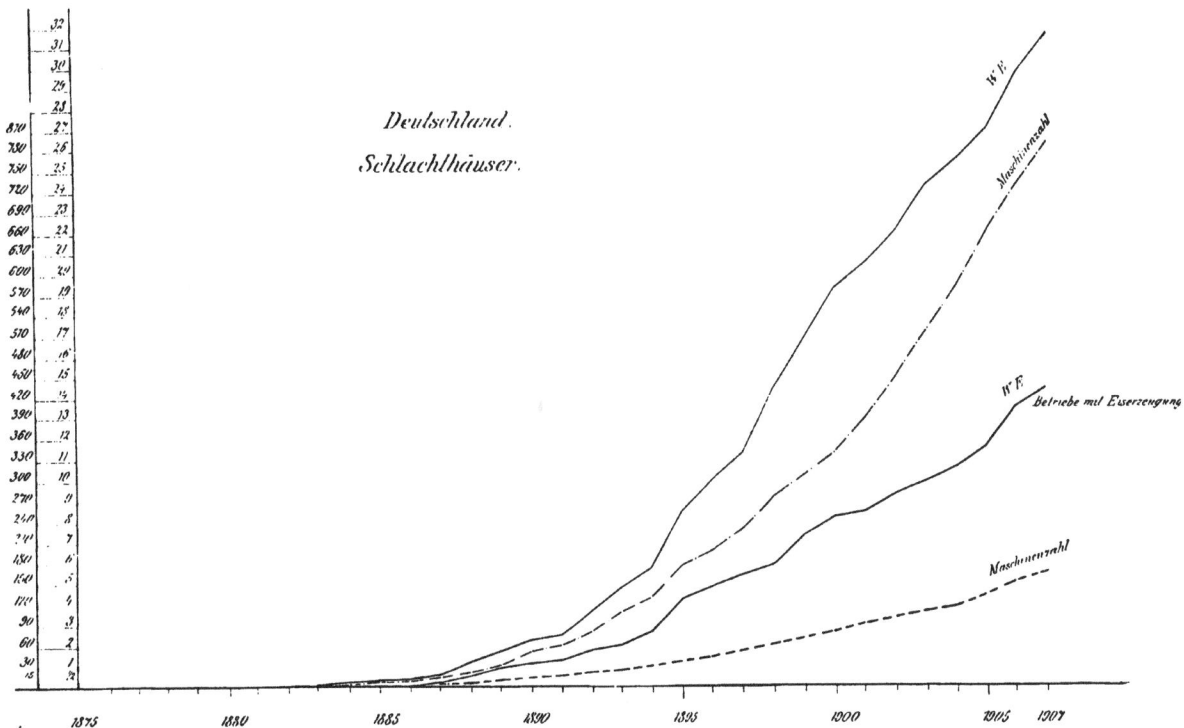

Deutschland.

Schlachthäuser.

Die **Molkereien** haben nach längerem Zögern seit 1890 begonnen, das lang Versäumte möglichst rasch nachzuholen. Der Maschinenbetrieb ist ja überhaupt nur langsam in die ländlichen Gewerbe eingedrungen, der deutsche Landmann ist außerordentlich konservativ. Aber der Strom der Zeit hat jetzt auch ihn ergriffen. Überall bilden sich Genossenschaften zu gemeinschaftlicher Ausnutzung der landwirtschaftlichen Erzeugnisse. Es werden Genossenschaftsmolkereien gebaut, die bei geeigneter Lage zum Orte des Milchabsatzes mit Kühlmaschinen ausgerüstet werden. So bildet die Kühlmaschine vielen Ortes einen Antrieb zur Bildung von Genossenschaften, die in Zukunft berufen sind, dem schwer um sein Fortkommen ringenden deutschen Landmann die Geschäftsführung zu erleichtern.

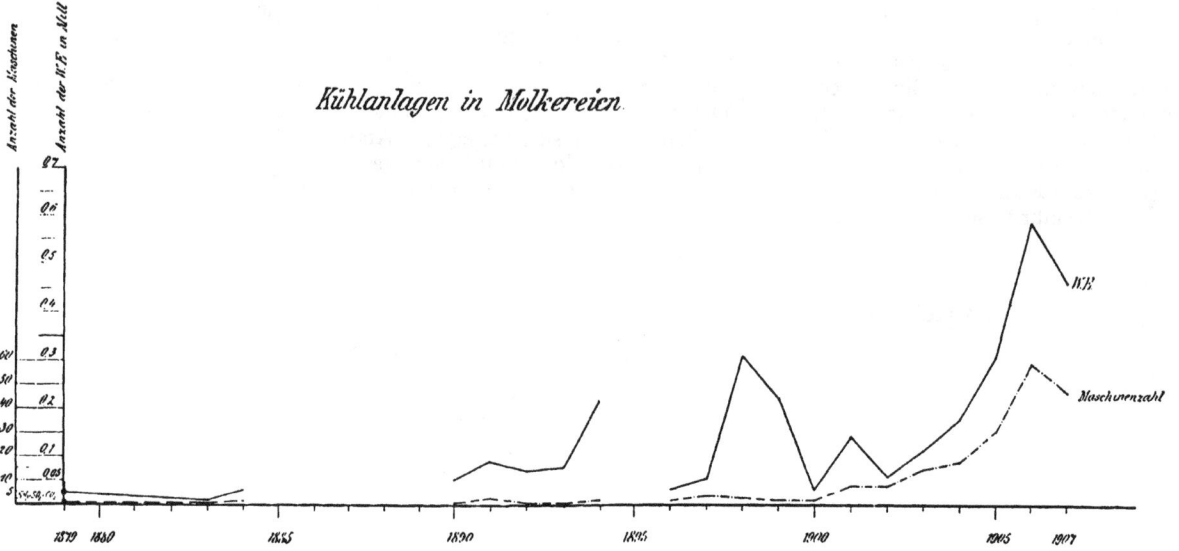

Kühlanlagen in Molkereien

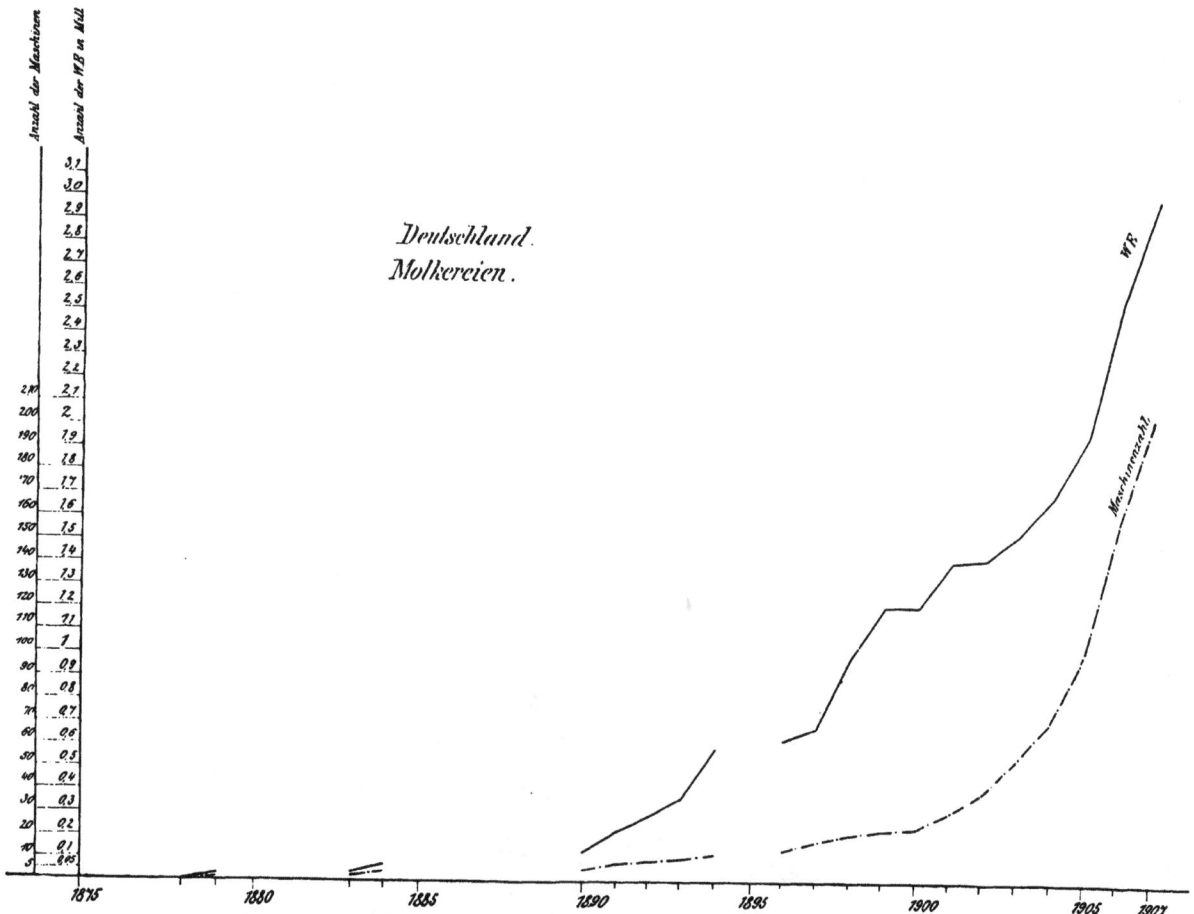

Deutschland.
Molkereien.

Der Rest der Verwendungsgebiete ist in zwei Figuren zusammengefaßt. In ihm spielt die **chemische Industrie** die erste Rolle. Meistens verwendet diese die Kälte in Form von Eis, weshalb die meisten Kälte-maschinen hier zur Eiserzeugung dienen. Alle Linienzüge sind durchschnittlich stark nach oben abgebogen. Die Zahl der Lieferungen nimmt stark zu, ebenso die durchschnittliche Leistung der einzelnen Maschinen. Im ganzen scheinen wir uns hier erst am Anfange der Entwicklung zu befinden.

Eisfabriken und Kühlanlagen der Chemischen Industrie.

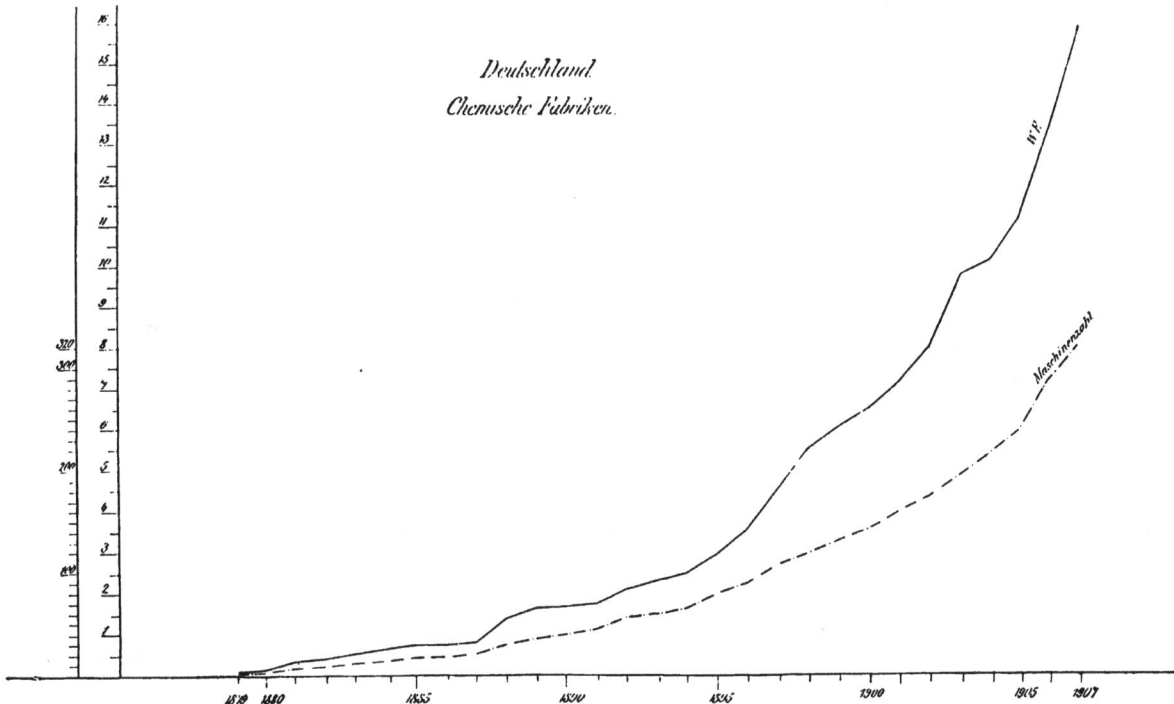

Deutschland
Chemische Fabriken.

Vergleich der verschiedenen Verwendungsgebiete.

Im ganzen wurden geliefert bis Ende 1907 für

	Brauereien	Reine Eisfabriken	Kühlhäuser	Fleischkühl-anlagen	Molkereien	Anderweitige Gebiete
Maschinen ca.	2000	85	450	960	210	320
Stündliche Gesamtleistung WE ca.	140 Millionen	$6^1/_2$ Millionen	$18^1/_2$ Millionen	46 Millionen	3 Millionen	16 Millionen
Durchschnittlich. Leistung einer Maschine WE ca. .	70000	76000	41000	48000	14000	50000

Dazu kommen noch die Lieferungen von 1908 sowie eine größere Anzahl von Anlagen, deren Bestimmung nicht klar genug zu ermitteln war, etwa 800 bis 1000.

Es fehlen ferner in der letzten Aufstellung eine große Anzahl von Kältemaschinen für unsere Marine.

Die größten Maschinen weisen auf die Eisfabriken, die Brauereien, die öffentlichen Schlachthöfe und einige große Kühlhäuser sowie einige große chemische Fabriken. Die mittelgroßen Maschinen finden Verwendung hauptsächlich in kleineren Schlachthöfen, in der chemischen Industrie und übrigen Gebieten. Die kleinen Modelle wandern in Molkereien, Schlächtereien und kleine Kühlhäuser. Nahezu die Hälfte aller Maschinen arbeitet in Brauereien.

Die Leistung der in einem der letzten Jahre neu aufgestellten Maschinen beträgt:

bei den Brauereien . . . . rund 6 Millionen WE
„ „ Eisfabriken . . . . „ 0,6 „ „
„ „ Kühlhäusern . . . . „ 2 „ „
„ „ Schlachthof-Kühlanlagen und Schlächtereien „ 0,5 „ „
„ „ Molkereien . . . . „ 2 „ „
„ „ sonstigen Verwendungsgebieten . . . . . „ 2 „ „

Verteilung der Kältemaschinen in Deutschland.

Die Verteilung ist sehr ungleichmäßig, die einzelnen Gebiete folgen sich bezüglich der wirtschaftlichen Bedeutung ihrer Industriezweige in nachstehender Weise:

Brauereien	Reine Eisfabriken	Kühlhäuser	Schlachthöfe und Schlächtereien	Molkereien	Chemische Industrie u. andere Betriebe
Bayern m. Pfalz Rheinprovinz Prov. Brandenburg mit Berlin Westfalen Baden Württemberg Königr. Sachsen Schlesw.-Holstein u. Hansastädte Schlesien Hessen-Nassau Hannover usw.	Rheinprovinz Bayern Hessen-Nassau Prov. Brandenburg mit Berlin Reichslande Königr. Sachsen usw.	Prov. Brandenburg mit Berlin Schlesw.-Holstein u. Hansastädte Reichslande Rheinprovinz Hannover Westpreußen usw.	Rheinprovinz Schlesien Königr. Sachsen Prov. Brandenburg mit Berlin Baden Hessen-Nassau Württemberg Prov. Sachsen usw.	Prov. Brandenburg mit Berlin Bayern Rheinprovinz Schlesw.-Holstein Hannover Hessen-Nassau Prov. Sachsen Württemberg Mecklenburg Westpreußen	Rheinprovinz Hessen-Nassau Rheinpfalz Prov. Brandenburg mit Berlin Schlesien Baden Königr. Sachsen usw.

Die folgende Tabelle zeigt diese Verteilung in Zahlen.

In die Karte sind nur diejenigen Städte und Ortschaften eingetragen, in welchen sich Kälteerzeugungsmaschinen befinden. Die Karte gibt aber nur ein Bild der Verteilung der Maschinen der Zahl nach. Die Leistung aller in den einzelnen Gebietsteilen befindlichen Maschinen gibt die Tabelle wieder.

Verteilung

der Kältemaschinen Anlagen

in

Deutschland

Anfang 1908.

DIE NORD SEE

Zuider-See

LUXEMBURG

FRANKREICH

SCHWEIZ

OST SEE

Verlag von R. Oldenbourg, München u. Berlin.

Stündliche Leistung der in den einzelnen Gebieten Deutschlands befindlichen Maschinen:

Staat bezw. Provinz	Brauereien	Eisfabriken	Kühlhäuser	Fleisch-kühlung	Molkereien	Chemische Industrie und andere Zwecke	Summe rund
Prov. Westpreußen	1,896,000	—	505,000	643,000	100,000	2,000	3,150,000
Prov. Ostpreußen	2,540,000	—	7,000	195,000	6,000	30,000	2,800,000
Prov. Posen	1,127,000	—	2,000	508,000	19 000	5,000	1,700,000
Prov. Schlesien	7.011,000	8,000	492,000	2,101,000	69,000	934,000	10,600,000
Prov. Sachsen	5,750,000	113,000	287,000	1,080,000	118,000	489,000	7,850,000
Prov. Brandenburg mit Berlin .	16,131,000	1,603,000	3,793,000	1,953,000	506,000	1 870,000	25,900,000
Prov. Pommern	2,341,000	100,000	253,000	204,000	97,000	85,000	3,100,000
Prov. Hannover	5,517,000	308,000	782,000	894,000	148,000	1,014,000	8,700,000
Prov. Westfalen	14,423,000	240,000	148,000	1,586,000	63,000	1,781,000	18,300,000
Prov. Hessen-Nassau	8,814,000	1,674,000	175,000	1,747,000	129,000	3,443,000	16,000,000
Rheinprovinz	20,696,000	2,115,000	1,056,000	7,463,000	363,000	4,959,000	36,700,000
Thüringen	3,288,000	—	127,000	762,000	81,000	148,000	4,400,000
Kgr. Sachsen	8,681,000	495,000	893,000	2,007,000	68,000	618,000	12,800,000
Rechtsrheinisches Bayern . . .	21,374,000	1,776,000	351,000	1,691,000	410,000	50,000	25,700,000
Kgr. Württemberg	9,260,000	370,000	208,000	1,084,000	111,000	198,000	11,250,000
Großh. Baden	11,737,000	185,000	315,000	1,948,000	33,000	791,000	15,000,000
Großh. Hessen	4,365,000	29,000	27,000	361,000	—	243,000	5,100,000
Reichslande	3,836,000	1,256,000	1,772,000	948,000	32,000	356,000	8,500,000
Mecklenburg	1,263,000	—	28,000	118,000	100,000	—	1,500,000
Oldenburg, Lippe, Braunschweig und Anhalt	3,660,000	—	45,000	424,000	52,000	564,000	4,750,000
Schleswig-Holstein und die Hansastädte	7,464,000	121,000	4,016,000	644,000	311,000	530,000	13,100,000
Bayr. Rheinpfalz	5,637,000	5,000	25,000	654,000	45,000	2,021,000	8,400,000

In der Karte sowohl wie in der Tabelle fehlen noch etwa 1000 Anlagen, deren Verwendungsgebiet nicht mit Sicherheit festgestellt werden konnte. Sie ändern aber an dem allgemeinen Bild nicht viel, da diese Anlagen sich ungefähr gleichmäßig verteilen. Eine größere Anzahl dieser Anlagen entfällt auf das Königreich Sachsen.

Zusammenstellung der unter Mitwirkung deutscher Firmen für das Ausland gelieferten Kältemaschinen.

Es handelt sich hierbei einesteils um Lieferungen von Deutschland ins Ausland, andernteils um Lieferungen von Tochtergesellschaften deutscher Firmen ins Ausland und von Auslandsfirmen, die mit deutschen Firmen einen bestimmten Vertrag geschlossen haben. Die Zusammenstellung ist geordnet nach Ländern bzw. Erdteilen. Innerhalb der einzelnen Staaten ist soweit als möglich auseinander gehalten, welchen Verwendungszwecken die Maschinen dienen. Es hat dies vielleicht insofern Wert, als daraus ersichtlich ist, welche Industriezweige im Ausland für die deutsche Kältemaschinen-Industrie von besonderer Wichtigkeit sind.

In den nachstehenden Figuren zeigen die Linienzüge die stündlichen Leistungen der jährlich für das Ausland unter Mitwirkung deutscher Firmen gelieferten Maschinen; die den Linienzügen beigeschriebenen Zahlen bedeuten die Zahl der Maschinen. In einzelnen Jahren geht die Lieferung für einzelne Verwendungszwecke auf Null herab, dies ist durch eine auf die Abszisse herabfallende Linie gekennzeichnet.

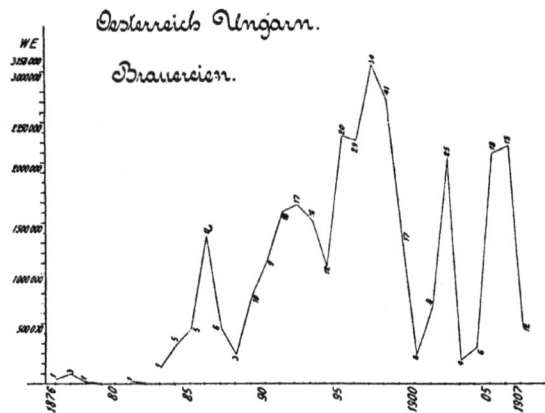

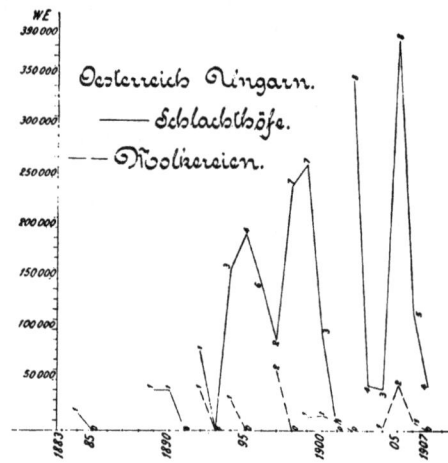

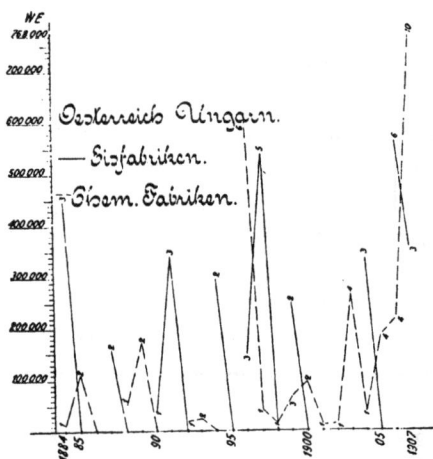

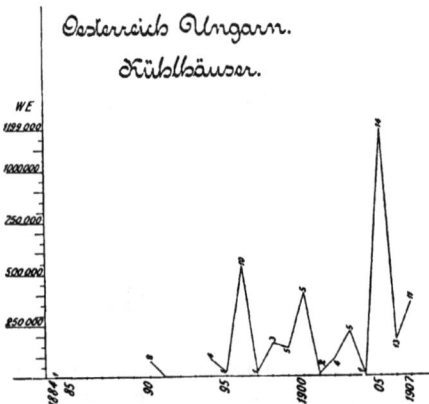

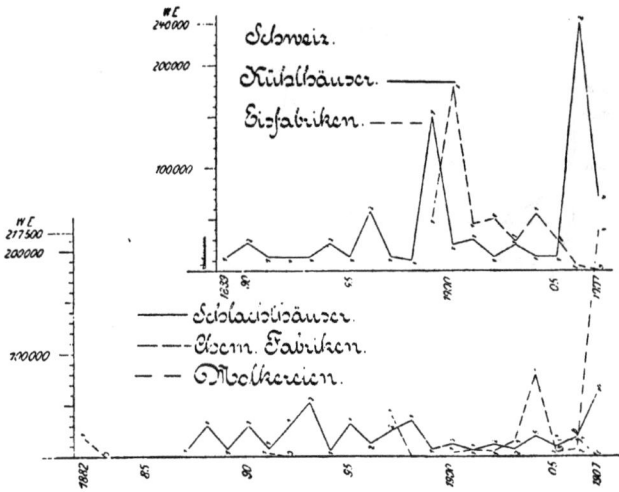

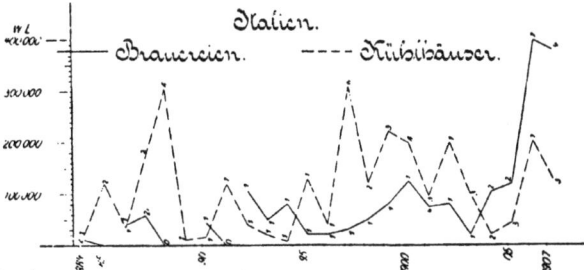

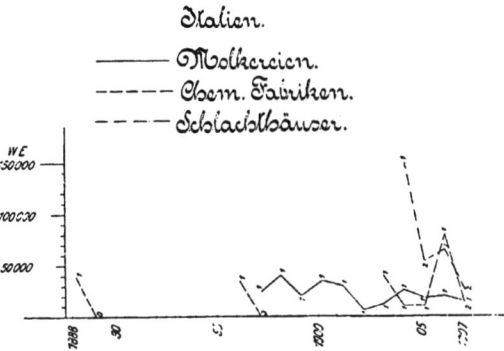

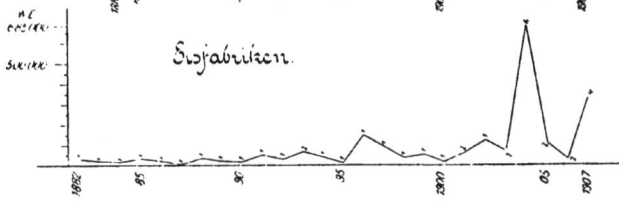

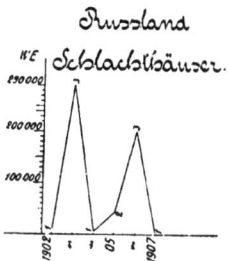

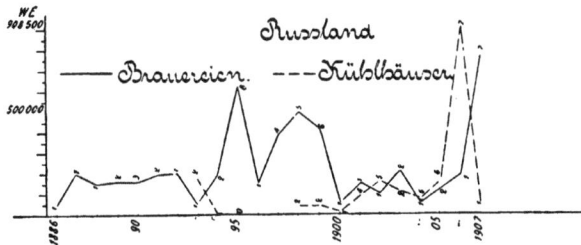

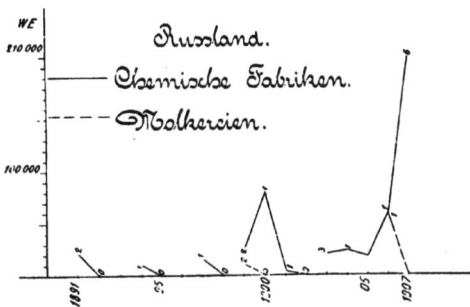

Balkanstaaten.
Brauereien.

Balkanstaaten.
Kühlhäuser. — — — Schlachthäuser.
Molkereien — · — · — Eisfabriken.

Belgien, Holland & Luxemburg.
Brauereien.

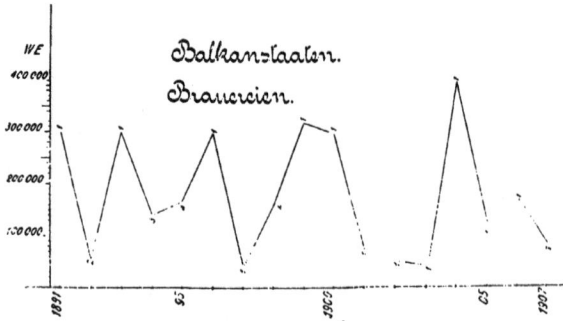

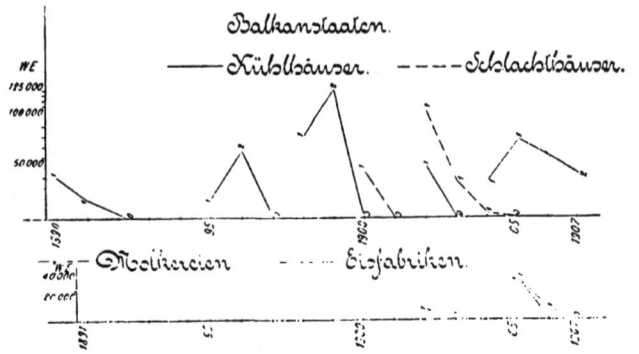

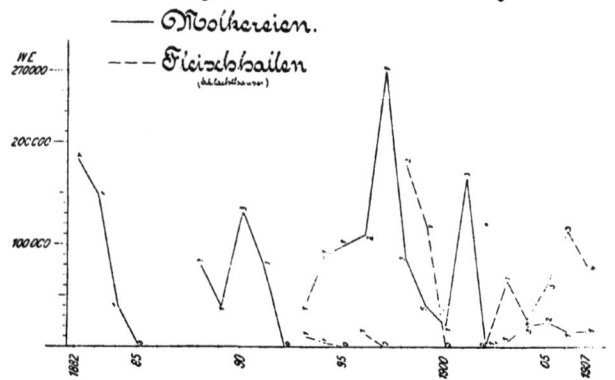

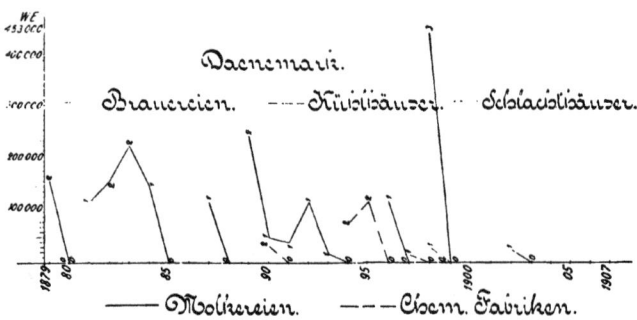

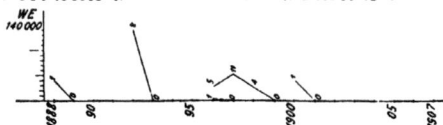

Belgien, Holland & Luxemburg.
Chemische Fabriken.

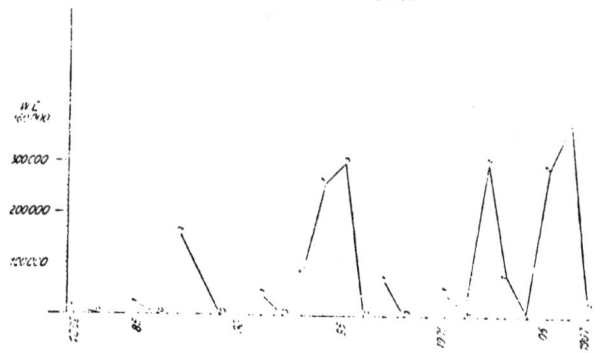

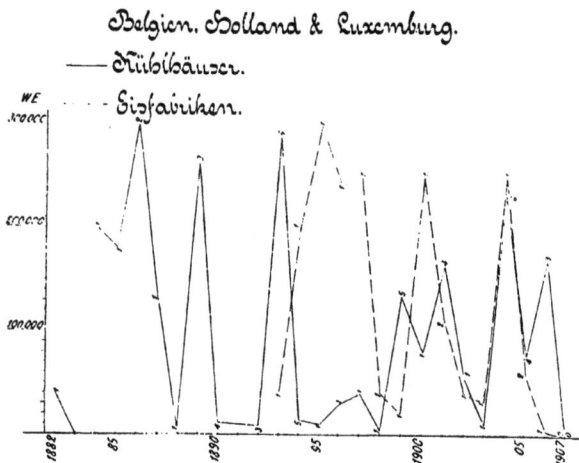

Belgien, Holland & Luxemburg.
Kühlhäuser.
Eisfabriken.

Belgien, Holland & Luxemburg.
Molkereien.
Fleischhallen
(Schlachthäuser)

Daenemark.
Brauereien. — — — Kühlhäuser. — · — · — Schlachthäuser.
Molkereien. — — — Chem. Fabriken.

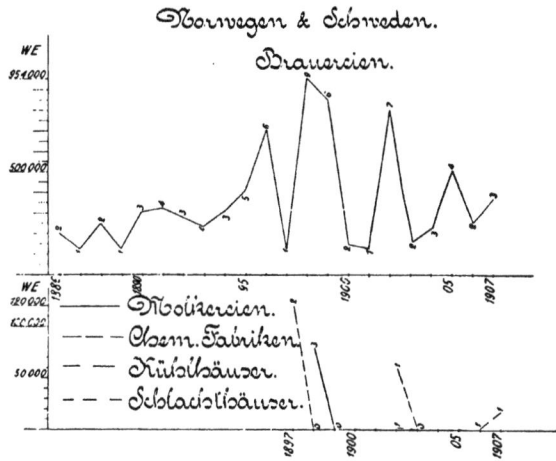

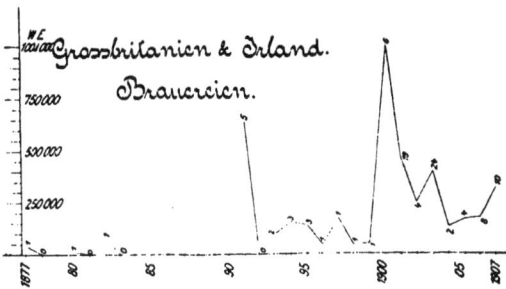

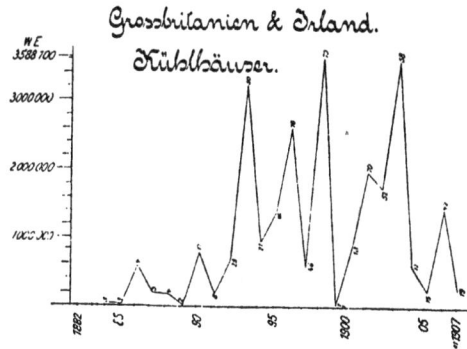

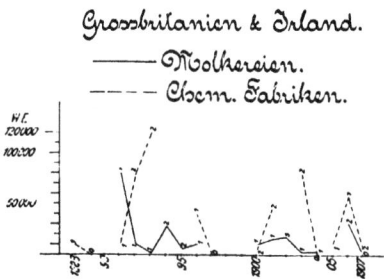

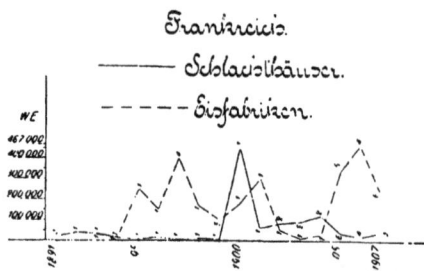

Frankreich. Schlachthäuser. Eisfabriken.

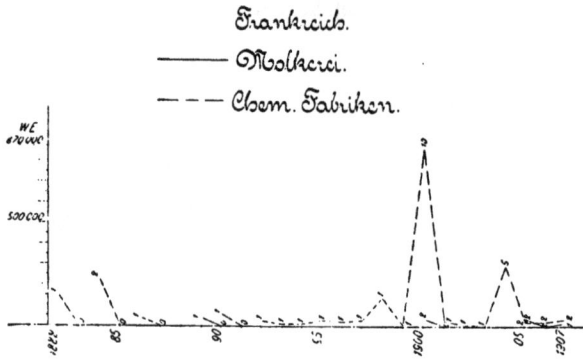

Frankreich. Molkerei. Chem. Fabriken.

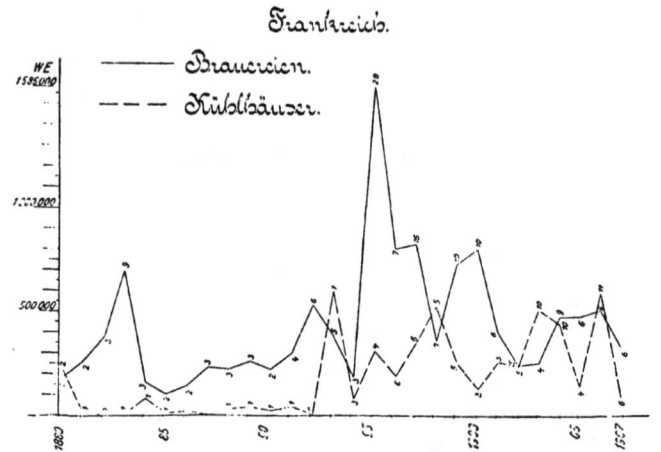

Frankreich. Brauereien. Kühlhäuser.

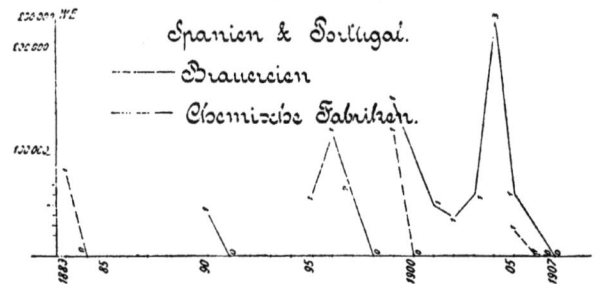

Spanien & Portugal. Brauereien. Chemische Fabriken.

Schlachthäuser. Eisfabriken.

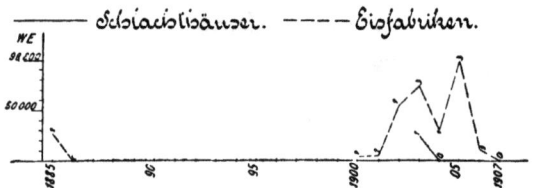

Australien. Brauereien. Eisfabriken. Chem. Fabriken.

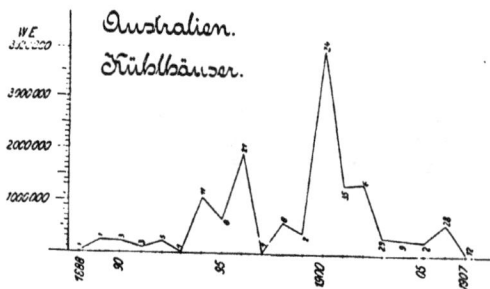

Spanien & Portugal. Kühlhäuser.

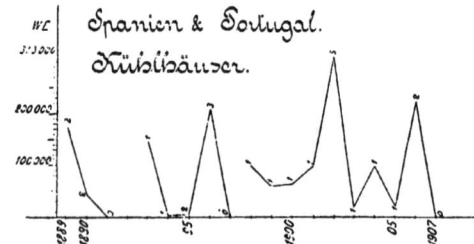

Australien. Kühlhäuser.

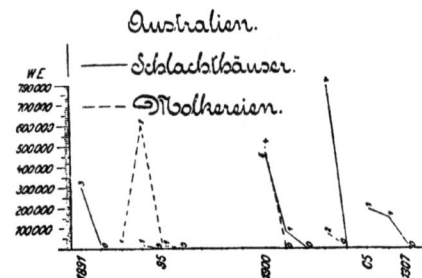

Australien. Schlachthäuser. Molkereien.

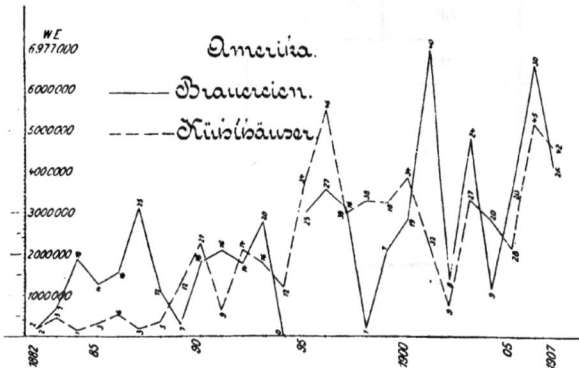

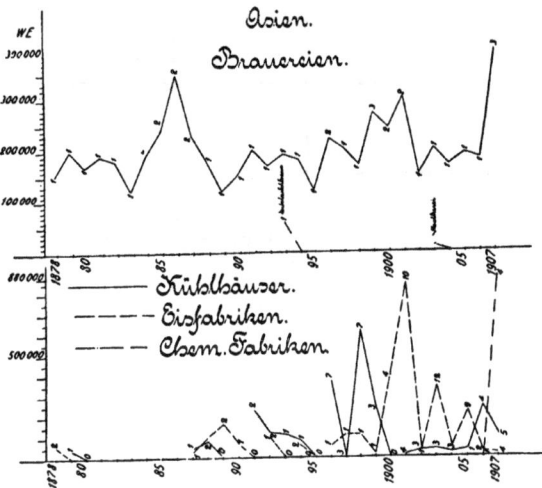

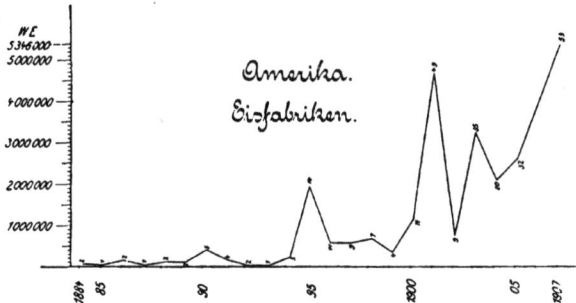

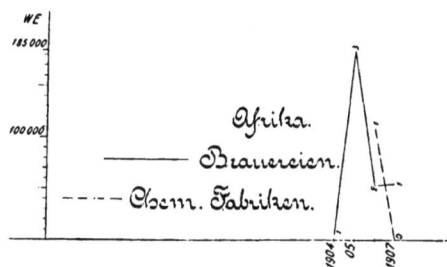

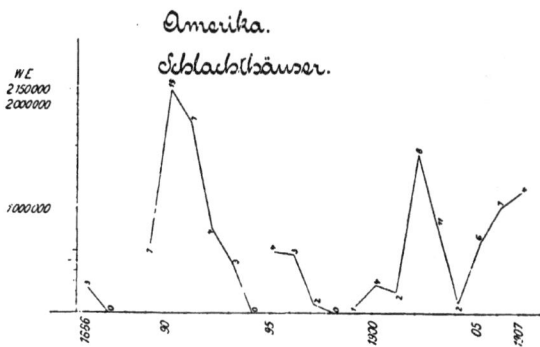

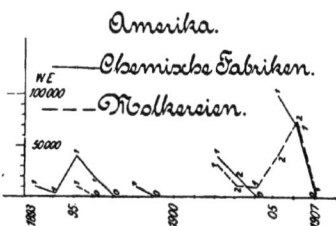

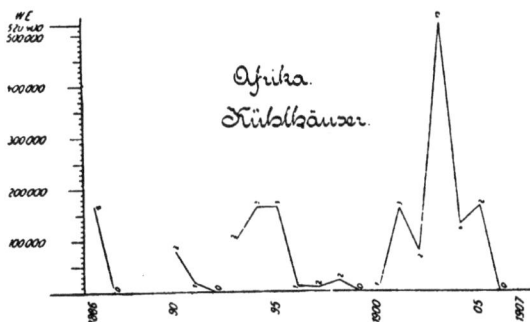

Land	Brauereien	Eisfabriken	Kühlhäuser	Fleisch-kühlung	Molkereien	Chemische Industrie und andere Zwecke	Summe
Österreich-Ungarn	335	34	81	68	11	47	576 Anlagen
	31,700,000	3,550,000	4,450,000	2,400,000	260,000	2,900,000	45,260,000 WE.
Schweiz	135	22	39	11	3	21	231 Anlagen
	8,570,000	400,000	1,900,000	600,000	100,000	520,000	12,090,900 WE.
Italien	36	39	61	6	11	8	161 Anlagen
	1,900,000	2,400,000	2,850,000	320,000	290,000	250,000	8,010,000 WE.
Balkanstaaten	25	3	13	4	1	—	46 Anlagen
	3,000,000	60,000	610,000	199,000	40,000	—	3,909,000 WE.
Rußland . . . . . . , .	54	22	39	11	3	21	150 Anlagen
	8,000,000	400,000	1,900,000	600,000	100,000	500,000	11,500,000 WE.
Skandinavien	74	—	2	1	3	3	83 Anlagen
	6,925,000	—	20,000	5,000	80,000	180,000	7,210,000 WE.
Dänemark	24	—	1	7	24	1	57 Anlagen
	2,000,000	—	16,000	260,000	330,000	4,000	2,610,000 WE.
Belgien, Holland, Luxemburg	120	14	62	22	42	23	283 Anlagen
	14,650,000	1,800,000	2,650,000	790,000	1,500,000	2,100,000	23,490,000 WE.
Frankreich	173	31	93	32	6	37	372 Anlagen
	12,000,000	2,700,000	4,825,000	1,035,000	125,000	1,960,000	22,645,000 WE.
Großbritannien und Irland .	97	60	615	45	20	23	860 Anlagen
	4,400,000	2,550,000	24,900,000	1,400,000	220,000	465,000	33,935,000 WE.
Spanien und Portugal . . .	13	12	25	1	—	4	55 Anlagen
	875,000	300,000	1,600,000	25,000	—	230,000	3,030,000 WE.
Asien	41	63	53	1	1	5	164 Anlagen
	6,620,000	3,700,000	2,500,000	60,000	10,000	900,000	13,790,000 WE.
Australien	9	7	208	17	9	1	251 Anlagen
	860,000	290,000	13,550,000	1,950,000	1,250,000	80,000	17,980,000 WE.
Amerika	396	281	506	103	10	10	1306 Anlagen
	63,100,000	30,850,000	57,700,000	13,200,000	200,000	300,000	165,350,600 WE.
Afrika	7	34	47	—	—	1	89 Anlagen
	255,000	2,500,000	1,830,000	—	—	100,000	4,685,000 WE.
Summa rund	1539	622	1845	329	144	205	Anlagen
	165,000,000	52,000,000	121,000,000	23,000,000	4,500,000	10,500,000	stündl. Leistung WE.

Insgesamt handelt es sich hierbei um rund 4684 Anlagen mit einer stündlichen Gesamtleistung von 376,000,000 WE.

Auf eine Anlage entfallen rund 80,000 WE.

Die Anlagen im Auslande sind also durchschnittlich etwas größer als in Deutschland, wo auf eine Anlage etwa 55,000 WE. entfallen.

Wirtschaftliche Wirkungen der Kältetechnik.

In den vorangegangenen Figuren und Tabellen ist nur von der Verbreitung der Kältemaschinen, dem Umfang der Verwendung in verschiedenen Industrie- und Handels-Zweigen und von der Bedeutung der Kältemaschinen für die Maschinenbau-Industrie die Rede gewesen. Diese Statistik besagt aber nur, daß die Kälteerzeugungsmaschine eine große Bedeutung gewonnen hat, aber sie gibt keinen Aufschluß, worin diese Bedeutung besteht und welche wirtschaftlichen Erfolge die Anwendung der Kälteerzeugungsmaschinen auf den verschiedenen Verwendungsgebieten bietet.

Was in dieser Beziehung zur Zeit gesagt werden kann, ist von Prof. v. Linde in einem Vortrage (veröffentlicht in der Zeitschrift des Vereins deutscher Ingenieure 1906 Seite 1035) ausgeführt worden.

Die deutschen Brauereien ersparen jährlich über 10 Millionen Mark für Eis, sie können unbekümmert um die Witterung gleichmäßig das ganze Jahr hindurch brauen und brauchen zur Lagerung von je 1 hl Jahreserzeugung beispielsweise nur 0,006 qm Kellerfläche und rund 2,8 M Anlagekapital statt 0,06 qm und 7,04 M bei der früheren Kühlung durch Eiskeller. Diese wesentliche Verminderung der nötigen Bodenfläche und des Anlagekapitals hat das schnelle Anwachsen der Brauindustrie in den Jahren 1890 bis 1900 ermöglicht.

Die reinen Eisfabriken, welche in der voranstehenden Statistik angeführt sind, bilden nur einen Teil aller Eismaschinenanlagen, weil die meisten Eismaschinen Nebenbetrieb eines anderen Kühlbetriebes sind. Eine genaue Aufstellung hierüber fehlt noch. Man darf die wirklich in Deutschland arbeitenden Eismaschinen auf mindestens das Dreifache der reinen Eisfabriken schätzen mit einer stündlichen Leistung von etwa 20 Millionen WE, welche in besonders warmen Jahren eine Jahresleistung von etwa 800 000 Tonnen Eis erzeugen dürften. 150 000 kleinere und 30 000 größere Kühlschränke könnten durchschnittlich hiermit gekühlt werden.

Die Kühlhäuser in Deutschland dienen zum großen Teil zur Aufnahme von Fleisch und Bier aus dem Inland. Das in den Kühlhäusern lagernde Geflügel und Wild, sowie Eier und Fische stammen zum großen Teil aus dem Ausland, wenigstens in Berlin und anderen Großstädten. Die Ausnutzung der bestehenden Kühlhäuser ist noch steigerungsfähig. Der kräftigeren Inanspruchnahme der Kühlhäuser stehen noch mancherlei Hindernisse im Wege, z. B. mangelhaftes Verständnis der Handeltreibenden für die Art der Aufbewahrung und die günstigste Zeit der Einlagerung der verschiedenen Waren, unzeitgemäße gesetzliche Bestimmungen, der Mangel an Eisenbahnzügen, die durch Maschinen gekühlt sind, der Mangel an bequemen und raschen, öffentlichen Transportmitteln für mittlere und kleine Lasten in den Städten und anderes.

Die Fleischkühlanlagen haben eine so allgemeine Bedeutung erlangt, daß man bei oberflächlicher Betrachtung eine wesentliche Steigerung nicht erwartet. Bei näherer Kenntnis des Fleischmarktes erkennt man aber, daß zwei Dinge in Deutschland fehlen. Die Einfuhr gefrorenen Fleisches aus den Kolonien ist durch gesetzliche Bestimmungen zur Zeit behindert. Es ist dies im Interesse der weniger wohlhabenden Bevölkerungsschichten sehr zu bedauern. Die wirtschaftlichen Hindernisse, welche dagegen ins Feld geführt werden, sind groß, aber es frägt sich, ob sie ausschlaggebend bleiben dürfen. Die Kühlmaschine könnte einen großen Teil dieser Hindernisse aus dem Wege räumen. Es fehlen uns ländliche Genossenschaftsschlächtereien auf dem Lande, aus denen das Fleisch gekühlt in Eisenbahn-Kühlzügen den Städten zugeführt wird. Hierdurch könnten die Transportkosten und die Fleischpreise vermindert werden, denn lebendes Vieh erfordert sehr hohe Transportkosten. Die städtischen Schlachthöfe würden entlastet, die Industrie der Verarbeitung der Tier-Abfälle (Leder, Horn usw.) würde wieder in größerem Umfange auf das Land hinaus verlegt werden können, wozu wieder das Genossenschaftswesen beihelfen könnte.

Die Einrichtung von **Kühlzügen** ist zurzeit noch eine schwierige Frage. Sie wird erleichtert werden nach **Einführung des elektrischen Betriebes auf Fernbahnen**, da dann der Antrieb der Kühlmaschine im Zuge bequemer wird und unabhängig vom Orte und von der Lokomotive beliebig betätigt werden kann.

Diese Kühlzüge können dann auch von den **Molkereien** mit mehr Vorteil benutzt werden, als die jetzigen durch Eis gekühlten Wagen. Die nutzbare Ladefähigkeit der Wagen wird nach Fortfall der Eisfüllung größer sein.

Das Eindringen der Kälteerzeugungsmaschinen in **die chemische Industrie** und viele andere Gebiete ist noch so neu und so stark im Wachsen begriffen, daß sich wirtschaftliche Folgerungen daraus noch nicht ziehen lassen, zumal die betreffenden Betriebe ihre Erfahrungen noch ungerne mitteilen.

Aufgabe einer späteren Arbeit wird es sein, für alle diese Gebiete zahlenmäßige Nachweise zu beschaffen, ähnlich wie sie oben bei den Brauereien andeutungsweise gegeben sind. Diese Arbeit wird sehr viel mühevoller, aber auch sehr viel wichtiger sein als die vorliegende, jedenfalls mit vielen Lücken behaftete Statistik.